Pawan Pilley

# Predictive Analytics:Juntar as peças para a luta contra o terrorismo

Pawan Pilley

# Predictive Analytics:Juntar as peças para a luta contra o terrorismo

## Análise preditiva para redefinir a luta contra o terrorismo

ScienciaScripts

**Imprint**

Any brand names and product names mentioned in this book are subject to trademark, brand or patent protection and are trademarks or registered trademarks of their respective holders. The use of brand names, product names, common names, trade names, product descriptions etc. even without a particular marking in this work is in no way to be construed to mean that such names may be regarded as unrestricted in respect of trademark and brand protection legislation and could thus be used by anyone.

Cover image: www.ingimage.com

This book is a translation from the original published under ISBN 978-3-659-82157-8.

Publisher:
Sciencia Scripts
is a trademark of
Dodo Books Indian Ocean Ltd. and OmniScriptum S.R.L publishing group

120 High Road, East Finchley, London, N2 9ED, United Kingdom
Str. Armeneasca 28/1, office 1, Chisinau MD-2012, Republic of Moldova, Europe
Printed at: see last page
ISBN: 978-620-7-76299-6

# ÍNDICE DE CONTEÚDOS

# Resumo

No cenário atual, os ataques terroristas são o maior problema para a humanidade e o mundo inteiro está sob a ameaça constante destas operações terroristas bem planeadas, sofisticadas e coordenadas. A previsão do grupo terrorista utilizando dados históricos de ataques tem sido pouco explorada devido à falta de dados detalhados sobre o terrorismo que contenham os ataques e as actividades do grupo terrorista. As razões podem ser a sua confidencialidade e sensibilidade. Este sistema centra-se num modelo de previsão de grupos terroristas (TGPM) para prever o grupo terrorista envolvido num determinado ataque. Este modelo começa por aprender as semelhanças dos incidentes terroristas de vários ataques terroristas para prever o grupo responsável. O contraterrorismo são as práticas, tácticas, estratégias e técnicas que os governos, as forças armadas, a polícia e as agências de segurança utilizam para prevenir ou responder a ameaças terroristas. A previsão do grupo terrorista após um ataque é uma das etapas mais importantes da luta contra o terrorismo.

Este sistema é implementado para prever os nomes dos grupos terroristas envolvidos num ataque. Assim, as agências de segurança podem elaborar estratégias para localizar e capturar os grupos terroristas ou as pessoas responsáveis por um ataque. Esta técnica pode ajudar os agentes de segurança a tomar decisões e a dispor de informações accionáveis antes da ocorrência de ataques semelhantes num futuro próximo.

**Palavras-chave:** Grupo terrorista; previsão de ataques terroristas; algoritmo CLOPE; contra-terrorismo.

# Lista de abreviaturas

| | |
|---|---|
| TGPM | Terrorist Group Prediction Model |
| SIGINT | Signals Intelligence |
| IMINT | Imagery Intelligence |
| OSINT | Open Source Intelligence |
| SNA | Social Network Analysis |
| GDM | Group Detection Model |
| OGDM | Offender Group Detection Model |
| GTD | Global Terrorism Database |
| START | Study of Terrorism and Responses to Terrorism |
| PGIS | Pinkerton Global Intelligence Services |
| CETIS | Center for Terrorism and Intelligence Studies |
| DHS | Department of Homeland Security |
| ISVG | Institute for the Study of Violent Groups |
| SCC | Strongly Connected Components |
| CLOPE | Clustering with Slope |

# 1 Introdução

Nos últimos anos, a natureza do terrorismo mudou radicalmente e assumiu uma nova combinação de características. A luta contra este terrorismo tornou-se uma preocupação global e uma questão central das políticas governamentais internacionais. As políticas antiterroristas transformaram-se em todo o mundo e a importância que os Estados atribuem a determinados aspectos das suas medidas antiterroristas varia consideravelmente. Não há acordo sobre a melhor forma de combater o terrorismo.

O terrorismo não é novo e, embora tenha sido utilizado desde o início da história registada, pode ser relativamente difícil defini-lo. O terrorismo tem sido descrito como uma tática e uma estratégia; um crime e um dever sagrado; uma reação justificada à opressão e uma abominação indesculpável. O terrorismo tem sido frequentemente uma tática eficaz para o lado mais fraco de um conflito. Devido à natureza secreta e à pequena dimensão das organizações terroristas, estas não oferecem muitas vezes aos adversários uma organização clara contra a qual se possam defender ou dissuadir.

No cenário atual, os ataques terroristas são o maior problema para a humanidade e o mundo inteiro está sob a ameaça constante destas operações terroristas bem planeadas, sofisticadas e coordenadas. Atualmente, todos os países se concentram na luta contra o terrorismo. [1] O contraterrorismo são as práticas, tácticas, estratégias e técnicas que os governos, as forças armadas, a polícia e as agências de segurança utilizam para prevenir ou responder a ameaças terroristas. Este projeto centrar-se-á na técnica de previsão de grupos terroristas para combater o terrorismo.

A extração de dados é o processo de colocar questões e extrair padrões ou tendências úteis, muitas vezes previamente desconhecidos, de grandes quantidades de dados, utilizando várias técnicas, como as do reconhecimento de padrões e da aprendizagem automática. Houve vários desenvolvimentos na extração de dados e a tecnologia está a ser utilizada para uma grande variedade de aplicações [2]. O terrorismo é um fenómeno complexo e em constante mutação. No entanto, as previsões sobre a evolução futura do terrorismo são bastante comuns e aumentaram consideravelmente na sequência dos ataques terroristas de 11 de setembro nos Estados Unidos. No entanto, o historial da previsão do terrorismo não tem sido bom, e isto é particularmente verdade no caso de grandes mudanças no modus operandi do terrorismo [3].

## 1.1 Motivação

A previsão de um grupo terrorista utilizando dados históricos de ataques tem sido menos explorada devido à falta de dados detalhados sobre o terrorismo que contenham os ataques e as actividades do grupo terrorista. As razões podem ser a sua confidencialidade e sensibilidade. As agências de informação dispõem de uma grande quantidade de dados. Acompanham continuamente as actividades terroristas. No entanto, não dispõem de pessoal qualificado em número suficiente para tratar o grande volume de dados num período de tempo muito curto, a fim de tomar decisões sobre os ataques terroristas. Na luta contra o terrorismo, o primeiro passo após qualquer incidente/ataque é encontrar os nomes dos grupos envolvidos e definir uma estratégia para os apanhar. Este projeto centra-se no modelo de previsão de grupos terroristas (TGPM) para prever o grupo terrorista envolvido num determinado ataque. Este modelo começa por aprender as semelhanças dos incidentes terroristas de vários ataques terroristas para prever o grupo responsável.

## 1.2 Objectivos

A segurança é um aspeto importante ao qual tem sido dada prioridade máxima por todos os políticos e governos a nível mundial, com o objetivo de reduzir a incidência da criminalidade [4, 5]. A análise de inteligência pode ser aplicada a qualquer uma das várias fontes de inteligência reconhecidas, como a inteligência de sinais (SIGINT), a inteligência de imagens (IMINT) e a inteligência de fonte aberta (OSINT) [6]. Assim que formos capazes de descobrir o nome do grupo envolvido, poderemos adotar estratégias para apanhar os culpados. Geralmente, o grupo terrorista responsável por um atentado é detectado através da utilização de correio eletrónico, informações sobre sinais telefónicos, sítios Web terroristas, análise de redes sociais, etc. As actividades terroristas ocorridas no passado estão disponíveis em bases de dados criminais/históricas [7]. Esta base de dados pode ser utilizada para detetar o grupo terrorista responsável por um atentado. A frequência dos ataques terroristas também pode ser analisada.

## 2 Pesquisa bibliográfica

O terrorismo é o uso da força ou da violência contra pessoas ou bens, em violação das leis penais dos países, para fins de intimidação, coação ou resgate. Os terroristas utilizam frequentemente ameaças para:

- Criar medo entre o público.
- Tentar convencer os cidadãos de que o seu governo é impotente para impedir o terrorismo.
- Obter publicidade imediata para as suas causas.

Os actos de terrorismo incluem ameaças de terrorismo; assassinatos; raptos; sequestros; sequestros-relâmpago; ameaças de bomba e atentados à bomba; ataques cibernéticos (baseados em computadores); e a utilização de armas químicas, biológicas, nucleares e radiológicas. Os alvos de alto risco para actos de terrorismo incluem instalações governamentais militares e civis, aeroportos internacionais, grandes cidades e pontos de referência de alto nível. Os terroristas também podem ter como alvo grandes concentrações de público, abastecimento de água e alimentos, serviços públicos e centros empresariais. Além disso, os terroristas são capazes de espalhar o medo enviando explosivos ou agentes químicos e biológicos pelo correio. Na área imediata de um evento terrorista, é necessário contar com a polícia, os bombeiros e outras autoridades para obter instruções.

A informática do terrorismo atual, que visa ajudar os responsáveis pela segurança utilizando técnicas de extração de dados, centra-se principalmente na utilização da análise das redes sociais (ARS) para a análise estrutural e posicional das redes terroristas [8,9], em que as informações necessárias são fornecidas a partir de dados não relacionados com a criminalidade. A previsão de um grupo terrorista utilizando dados históricos de um ataque tem sido muito pouco trabalhada; isto deve-se à falta de dados detalhados sobre o terrorismo que contenham os ataques e as actividades do grupo terrorista. A utilização de tecnologias de extração de dados na luta contra o terrorismo tem vindo a desenvolver-se desde que o Governo dos EUA incentivou a utilização das tecnologias da informação [10].

### 2.1 Modelos organizacionais:

O objetivo de uma organização terrorista é simplesmente assegurar que as actividades terroristas mais eficazes e seguras sejam levadas a cabo com sucesso. Cada grupo pode selecionar o melhor modelo com base na sua área de operações, segurança e recursos. Estes modelos são fornecidos para mostrar que os grupos terroristas têm geralmente estruturas simples de comunicação e comando. Os grupos terroristas estão estruturados num dos três modelos organizacionais gerais: funcional, operacional e independente.

- **Estrutura funcional:**

Trata-se de uma estrutura centralizada. O grupo é comandado pela liderança sénior, que transmite ordens diretamente a uma célula de comando e controlo ou a células que operam estritamente na sua área de especialidade (informações, operações tácticas e logística). Esta é uma das estruturas organizacionais mais antigas e mais seguras porque as funções exclusivas das células do grupo terrorista são mantidas altamente compartimentadas. Cada célula pode desconhecer completamente a existência das outras células; muitas vezes, as células não comunicam diretamente entre si. Se uma célula for detida ou presa, as outras células permanecem no seu lugar e a missão pode mesmo continuar se uma célula de substituição chegar a tempo. As comunicações no âmbito desta forma de estrutura são efectuadas entre a direção terrorista e cada célula através de métodos seguros.

- **Estrutura operacional:**

Trata-se de uma estrutura descentralizada. O grupo é comandado pela sua liderança sénior, que transmite ordens a uma série de "células combinadas". Estas células combinadas gerem as suas próprias operações de informação, abastecimento e ataque com o mesmo grupo de pessoas. Trata-se de uma estrutura altamente arriscada para os operacionais, porque a detenção de um membro da célula pode parar todas as operações. A Al-Qaeda utiliza esta estrutura.

- **Estrutura celular independente:**

Trata-se de uma estrutura centralizada semelhante à estrutura operacional acima descrita, com a exceção de que não existe uma liderança sénior independente. O grupo funciona como um só corpo e desempenha todas as funções de célula necessárias para efetuar um ataque. Os membros da célula podem desempenhar várias funções diferentes.

## 2.2 Estratégias terroristas:

### > Os terroristas preferem estratégias simples

- Contrariamente à maioria das crenças, os terroristas são bem sucedidos porque se mantêm fiéis a estratégias simples. Os ataques de 11 de setembro ao World Trade Center e ao Pentágono podem parecer sofisticados, mas na realidade foram bastante simples em termos de planeamento e execução.

- Como o terrorismo é dramático e amplamente divulgado pelos meios de comunicação social, os actos simples ganham maior alcance e significado do que o terrorista pretende. Os meios de comunicação social, os psicólogos e os agentes da autoridade cometem muitas vezes o erro de procurar objectivos mais profundos numa operação do que aqueles que o grupo estabelece para si próprio. Isso faz com que o grupo pareça muito poderoso - quase intocável.

- A beleza do terrorismo - tal como o terrorista o vê - é a aparente falta de lógica. O medo surge quando as pessoas se perguntam o que poderia levar um ser humano racional a fazer coisas tão horríveis contra pessoas inocentes. Esta é uma forma de tortura psicológica que reforça o terror do terrorismo. Os media apercebem-se disso e amplificam o medo exponencialmente.

- As operações terroristas, por serem planeadas, podem ser reduzidas a um modelo simples. A maioria dos terroristas tem um objetivo que considera que será alcançado com um número suficiente de ataques. Por conseguinte, os ataques, uma vez iniciados, normalmente não param até que um determinado objetivo seja alcançado, os terroristas sejam destruídos pelas forças antiterroristas ou a prosperidade e as mudanças sociais façam com que o grupo terrorista pareça irrelevante.

### 2.3 Prazos de execução da estratégia

Os terroristas planeiam frequentemente os ataques de acordo com o tempo de que dispõem para desenvolver e executar um plano. Estas linhas de tempo podem ser classificadas como:

- **Ataque precipitado:** Um ataque desenvolvido e executado ao longo de algumas horas ou dias é designado por ataque precipitado. Uma linha de tempo apressada não resultará num ataque em grande escala e bem executado, a não ser que o alvo seja tão fraco ou as defesas tão pouco fiáveis que qualquer tipo de ataque seja possível no momento. Os abastecimentos e a vigilância podem ser enviados à pressa para o local, tornando o ataque altamente detetável. Os ataques em pequena escala, como fogo posto, assassínio com pistola, assaltos com armas de fogo ou bombardeamentos com granadas de mão, inserem-se nesta categoria.
- **Ataque normal**: Um ataque que é desenvolvido e executado durante um período de semanas é um ataque normal. Esta é geralmente a cronologia mais comum, porque dá tempo suficiente para a vigilância, para a recolha de provisões ou para a mobilização de equipas específicas para conduzir o ataque. A maioria dos ataques convencionais efectuados por grupos organizados será espaçada ao longo de algumas semanas.
- **Ataque deliberado:** Um ataque desenvolvido e executado ao longo de meses ou anos é um ataque deliberado. Esta linha de tempo é utilizada para alvos extremamente seguros ou missões altamente complexas. Praticamente qualquer tipo de ataque pode ser planeado e executado lentamente para uma maior possibilidade de sucesso.

### 2.4 Seleção de alvos (T2-Terrorist Targeteering)

É fundamental compreender o processo de seleção de alvos dos terroristas. Sendo um processo, é observável e previsível. O processo de seleção de alvos depende dos desejos da liderança sénior dos terroristas, da viabilidade de todo o plano operacional avaliado pela liderança no terreno e da recolha de dados ao nível da rua e das recomendações da célula de informação terrorista.

- A seleção de um alvo com base na importância estratégica e nas características físicas é conhecida na linguagem militar como targeteering. As pessoas que avaliam e seleccionam o alvo são designadas por targeteers. Quando utilizada em relação a um grupo terrorista, é designada por Tee-Two (T2) ou targeteering terrorista.
- São os líderes terroristas no terreno e a célula de informações que geralmente seleccionam o alvo específico, mas qualquer pessoa do grupo pode ser designada como alvo. A responsabilidade do T2 é geralmente atribuída a um oficial de operações tácticas experiente que se ocupa das funções da célula de informações.
- O líder sénior emite uma ordem de ataque ("go") quando um plano vai ao

encontro dos objectivos estratégicos do grupo ou se um alvo específico tiver de ser atingido por razões simbólicas ou políticas. O líder sénior terrorista também pode exigir que um alvo seja atingido, mas deixar que a liderança no terreno e a célula de informação descubram uma forma de o concretizar, independentemente dos resultados.

## 2.5 O objetivo Motivos-Oportunidade-Meio (M.O.M.)

> **Princípio de seleção**

As pessoas envolvidas no planeamento de missões específicas utilizarão os mesmos critérios simples que a maior parte dos atiradores militares utilizam:

- **Motivo:** O grupo tem alguma razão para selecionar este alvo? A Al-Qaeda escolheu o Pentágono pelo seu simbolismo de vingança pelos ataques com mísseis de cruzeiro de 1998 contra o centro de treino terrorista Zawar Kili e por ser o coração do planeamento militar americano.
- **Oportunidade:** O grupo tem a oportunidade de efetuar um ataque contra os seus inimigos que seja simultaneamente significativo e eficaz? O alvo terá como prioridade criar ou esperar pelo momento, circunstâncias e ambiente apropriados para atacar.
- **Meios: O** grupo dispõe de materiais, efectivos, sigilo e apoio para levar a cabo a missão? O T2 discutirá esta questão com a liderança no terreno e os líderes logísticos para determinar o nível de apoio que a missão terá [11].

## 2.6 Visão geral da GTD:

A Global Terrorism Database (GTD) é uma base de dados de fonte aberta que inclui informações sobre eventos terroristas em todo o mundo desde 1970 até 2011 (com actualizações anuais adicionais previstas para o futuro). Ao contrário de muitas outras bases de dados de eventos, a GTD inclui dados sistemáticos sobre incidentes terroristas nacionais, bem como transnacionais e internacionais que ocorreram durante este período e inclui atualmente mais de 104 000 casos. Para cada incidente da GTD, estão disponíveis informações sobre a data e o local do incidente, as armas utilizadas e a natureza do alvo, o número de vítimas e, quando identificável, o grupo ou indivíduo responsável. As informações estatísticas contidas na Base de Dados sobre Terrorismo Global baseiam-se em relatórios de uma variedade de fontes abertas dos media. A informação não é adicionada à GTD a não ser que se tenha determinado que as fontes são credíveis. O Consórcio Nacional para o Estudo do Terrorismo e das Respostas ao Terrorismo (START) disponibiliza a GTD através de uma interface em linha, num esforço para aumentar a compreensão da violência terrorista, de modo a que esta possa ser mais facilmente estudada e derrotada.

> **Características do GTD:**

- Contém informações sobre mais de 104 000 ataques terroristas.
- Atualmente, é a base de dados não classificada mais completa do mundo sobre acontecimentos terroristas.
- Inclui informações sobre mais de 47.000 atentados bombistas, 14.000 assassinatos e 5.300 raptos desde 1970.
- Inclui informações sobre, pelo menos, 45 variáveis para cada caso, sendo que

os incidentes mais recentes incluem informações sobre mais de 120 variáveis.

- Foram analisados mais de 3 500 000 artigos noticiosos e 25 000 fontes de notícias para recolher dados sobre incidentes só de 1998 a 2011.
- Os representantes governamentais e os investigadores interessados podem solicitar versões dos dados diretamente através do formulário de contacto do GTD.

> **História do GTD:**

A Base de Dados sobre Terrorismo Global ou GTD começou em 2001, quando investigadores da Universidade de Maryland obtiveram uma grande base de dados originalmente recolhida pelos Serviços Globais de Informações da Pinkerton (PGIS). De 1970 a 1997, o PGIS deu formação a investigadores, na sua maioria reformados da Força Aérea, para identificarem e registarem incidentes de terrorismo a partir de agências de notícias, relatórios governamentais e grandes jornais internacionais, a fim de avaliarem o risco de terrorismo para os seus clientes. Com financiamento do Instituto Nacional de Justiça, a equipa de Maryland terminou a digitalização dos dados originais da Pinkerton em dezembro de 2005, fazendo correcções e acrescentando informação adicional sempre que possível. O PGIS perdeu os dados de 1993 numa mudança de escritório e estes dados nunca foram totalmente recuperados.

Em abril de 2006, o Consórcio Nacional para o Estudo do Terrorismo e das Respostas ao Terrorismo (START), em colaboração com o Centro de Estudos sobre Terrorismo e Inteligência (CETIS), recebeu financiamento adicional da Divisão de Factores Humanos do Departamento de Segurança Interna (DHS) para alargar o GTD para além de 1997. Este esforço distingue-se da coleção original porque os analistas do CETIS tiveram de procurar em fontes de arquivo os ataques documentados, em vez de registarem os acontecimentos à medida que ocorriam. Algumas fontes anteriores dos meios de comunicação social simplesmente não estão disponíveis, reduzindo sem dúvida o número total de ataques identificados desde 1997. Além disso, os esforços iniciados para os casos posteriores a 1997 utilizaram uma definição de terrorismo ligeiramente modificada, com informações sobre critérios específicos para a identificação de um incidente terrorista incluídos para cada caso, e alargaram o número de variáveis recolhidas para cada ataque. Em agosto de 2008, a recolha de dados estava concluída para os incidentes ocorridos até 2007. No outono de 2008, a equipa do GTD aplicou os critérios de inclusão recentemente desenvolvidos aos dados anteriores do GTD, a fim de formar uma única fonte de informação sobre ataques terroristas, abrangendo todo o período de 1970 a 2007.

Na primavera de 2008, analistas do Institute for the Study of Violent Groups (ISVG) da Universidade de New Haven recolheram dados para o GTD sobre ataques terroristas ocorridos entre abril de 2008 e outubro de 2011. Os assistentes de investigação do START, na Universidade de Maryland, integraram estes dados na base de dados, continuando a introduzir melhorias nos dados anteriores. Os membros da equipa do GTD no START analisam regularmente uma vasta gama de fontes para identificar casos adicionais e informações adicionais sobre casos previamente identificados, para ajudar a garantir que o GTD é tão abrangente e preciso quanto possível para todo o seu período de tempo. Os dados provenientes destes esforços de recolha são também integrados na versão atual do GTD. A partir dos ataques ocorridos em novembro de 2011, todos os esforços de recolha de dados GTD em curso são conduzidos pelo pessoal do START na Universidade de Maryland.

Assim, a Base de Dados sobre Terrorismo Global é uma compilação de esforços distintos de recolha de dados desde 1970 até ao presente. De 1970 a 1997, os dados foram construídos principalmente a partir de incidentes registados em tempo real pelo PGIS, utilizando uma definição alargada de terrorismo. Os dados deste período são actualizados e corrigidos numa base contínua. Os dados de 1998 a 2007 foram recolhidos principalmente de forma retrospetiva, sendo os dados sobre acontecimentos mais recentes recolhidos em tempo real e com o benefício de arquivos mais sólidos dos meios de comunicação social. No entanto, foram estabelecidos critérios para a recolha de dados, que foram aplicados ao conjunto completo de casos para garantir a adesão a uma definição ampla de terrorismo e também para permitir que os utilizadores filtrem os casos que possam ser inadequados para os seus interesses analíticos específicos. Os dados constituem agora uma série completa desde 1970 até ao presente, com exceção de 1993.

> **Metodologia de recolha de dados:**

A Global Terrorism Database (GTD) foi desenvolvida para ser um conjunto abrangente e metodologicamente sólido de dados longitudinais sobre incidentes de terrorismo nacional e internacional. O seu principal objetivo é permitir aos investigadores e analistas compreender melhor o fenómeno do terrorismo. A GTD foi especificamente concebida para ser passível das mais recentes técnicas de análise quantitativa utilizadas nas ciências sociais e computacionais.

> **Âmbito dos dados:**

A GTD foi concebida para recolher uma grande variedade de variáveis etiológicas e situacionais relativas a cada incidente terrorista. Dependendo da disponibilidade de informação, a base de dados regista até 120 atributos distintos de cada incidente, incluindo aproximadamente 75 variáveis codificadas que podem ser utilizadas para análise estatística. Estas são recolhidas em oito grandes categorias, tal como identificadas no livro de códigos GTD, e incluem, sempre que possível

- data do incidente,
- região,
- país,
- estado/província,
- cidade,
- latitude e longitude (beta)
- nome do grupo de perpetradores,
- tática utilizada no ataque,
- natureza do objetivo,
- identidade, empresa e nacionalidade do alvo (até três nacionalidades),
- tipo de armas utilizadas (até três tipos de armas),
- se o incidente foi considerado um sucesso,
- se e como foi feita a(s) alegação(ões) de responsabilidade,
- o montante dos danos e, de forma mais restrita, o montante dos danos sofridos pelos Estados Unidos,
- número total de vítimas mortais (pessoas, nacionais dos Estados Unidos,

terroristas), e
* Número total de feridos (pessoas, cidadãos dos Estados Unidos,
terroristas).

Outras variáveis fornecem informações exclusivas sobre tipos específicos de casos, incluindo raptos, incidentes com reféns e sequestros.

> **Fontes:**

A informação contida no GTD é inteiramente extraída de materiais de fonte aberta e publicamente disponíveis. Estes incluem arquivos electrónicos de notícias, conjuntos de dados existentes, materiais de fonte secundária, como livros e revistas, e documentos legais. Toda a informação contida no GTD reflecte o que é relatado nessas fontes. Se estiver disponível nova documentação sobre um evento, uma entrada pode ser modificada, conforme necessário e apropriado.

Como se verá mais adiante, a primeira fase de dados do GTD (GTD1: 1970-1997) foi recolhida pelo Pinkerton Global Intelligence Service (PGIS) - uma agência de segurança privada. Os casos ocorridos entre 1998 e março de 2008 foram identificados e codificados pelo Center for Terrorism and Intelligence Studies (CETIS), em parceria com o START. Uma terceira fase de recolha de dados foi instituída para os casos ocorridos entre abril de 2008 e outubro de 2011, com esforços liderados pelo Instituto para o Estudo de Grupos Violentos da Universidade de New Haven (ISVG). A partir dos casos ocorridos em novembro de 2011, toda a recolha de dados do GTD em curso é feita pelo pessoal do START na Universidade de Maryland. Além disso, os investigadores do GTD têm trabalhado para complementar a informação sobre casos adicionais ao longo de toda a duração do GTD.

> **Recolha de dados e definição de terrorismo:**

Os dados para o GTD1 (1970-1997) foram recolhidos pelo PGIS. Os colectores da base de dados do PGIS pretendiam registar todos os eventos terroristas conhecidos dentro de cada país e entre países e ao longo do tempo, tal como identificados em fontes de notícias multilingues, com o objetivo de realizar análises de risco para as empresas dos EUA. Os incidentes foram recolhidos de acordo com a seguinte definição de terrorismo:

"O uso ameaçado ou real de força e violência ilegais por um ator não estatal para atingir um objetivo político, económico, religioso ou social através do medo, da coerção ou da intimidação."

É sabido que existem muitas definições divergentes de terrorismo e que a natureza e as causas do terrorismo são muito contestadas tanto pelos governos como pelos académicos. Enquanto o GTD1 original empregava a definição de terrorismo utilizada pelo PGIS, a segunda fase de recolha de dados para o GTD (GTD2: 1998-2007) analisou a definição do PGIS em partes e codificou cada incidente de modo a permitir que os utilizadores identificassem apenas os casos que correspondem à sua própria definição de terrorismo. Com base na definição original do GTD1, cada incidente incluído no GTD2 tinha de ser um ato intencional de violência ou ameaça de violência por um ator não estatal. Além disso, dois dos três critérios seguintes também tinham de ser cumpridos para inclusão no GTD2:

* O ato violento visava a consecução de um objetivo político, económico, religioso ou social;

- O ato violento incluía provas da intenção de coagir, intimidar ou transmitir qualquer outra mensagem a uma audiência (ou audiências) mais vasta que não as vítimas imediatas; e
- O ato violento foi praticado fora dos preceitos do Direito Internacional Humanitário. Estes critérios, que continuam a ser utilizados pelos colectores de dados nos esforços de recolha pós-2007, foram construídos para permitir aos analistas e académicos flexibilidade na aplicação de várias definições de terrorismo para satisfazer diferentes necessidades operacionais. Por conseguinte, os utilizadores da base de dados podem selecionar os critérios de definição que mais se aproximam da definição de terrorismo que estão a utilizar e, em seguida, filtrar o conjunto de dados em conformidade quando efectuam pesquisas ou outras análises.

> **Síntese de GTD1 e GTD2:**

Até 2008, a Base de Dados sobre Terrorismo Global permaneceu dividida em dois conjuntos de dados distintos. A integração dos dois conjuntos de dados foi um desafio, principalmente devido às diferenças de definição entre a GTD1 e a GTD2. Além disso, os dados da GTD1 tinham originalmente 44 variáveis descritivas por incidente, enquanto a GTD2 tinha mais 84 variáveis por incidente. Para sintetizar os dois conjuntos de dados, o START, em conjunto com o CETIS, implementou um sistema em que cada incidente do GTD1 era revisto, os códigos para os três critérios de definição e todos os outros campos do GTD2 eram adicionados ao GTD1, e os codificadores avaliavam o incidente para inclusão num novo GTD sintetizado. Os incidentes que não satisfizeram dois dos três critérios desenvolvidos para o GTD2 foram removidos do novo GTD sintetizado.

> **Cuidado com a consistência dos dados:**

Embora tenham sido feitos esforços para assegurar a continuidade dos dados desde 1970 até ao presente, os utilizadores devem ter em conta que a recolha foi feita em tempo real para os casos entre 1970 e 1997, foi retrospetiva entre 1998 e 2007 e voltou a ser feita em tempo real depois de 2007. Esta distinção é significativa porque algumas fontes dos meios de comunicação social ficaram indisponíveis desde então, impedindo sem dúvida os esforços para recolher um recenseamento completo dos ataques terroristas entre 1998 e 2007. Além disso, os casos de 1993 foram perdidos antes da receção dos dados do PGIS. Até à data, não foi possível recuperar totalmente os dados de 1993. Em vez de fornecer uma lista parcial dos casos de 1993, o utilizador deve consultar um quadro fornecido pelo PGIS com o número total de atentados em 1993 para cada país [12].

# 3 Análise e conceção de sistemas

## 3.1 Análise

### - Noções básicas de previsão e prevenção do terrorismo

Embora a previsão não seja uma ciência difícil, a análise de informações é. Ao utilizar os passos descritos abaixo, as hipóteses de projetar e prevenir um ato terrorista irão melhorar. Vamos examinar os passos individualmente.

1. **Recolha** A recolha de informações terroristas é a recolha de qualquer informação utilizável relacionada com um determinado grupo ou acontecimento, através de qualquer método.

2. **Recolha de dados através de informações regulares**

   **-Métodos**

Os dados podem ser recolhidos através de fontes e métodos normais de informação. Muitos destes métodos podem também ser classificados devido à necessidade crítica de proteger a fonte e as técnicas especiais necessárias para obter essa informação. Estas técnicas de recolha de dados incluem:

- Informação pública (informações de fonte aberta: imprensa, televisão, literatura).
- Intercâmbios profissionais (conferências, chat profissional, mesas redondas).
- Entrevistar personalidades públicas.
- Interrogatório de personalidades criminosas e terroristas.
- Informadores criminais ou recursos humanos de agências de informação.
- Operações de recolha encobertas ou clandestinas.
- Sugestões do público.
- Vigilância visual e técnica.
- Tratamento eletrónico de dados capturados.
- Imagiologia ou inteligência fotográfica.
- Inteligência eletrónica.

### 3.1.1. Definição do problema

Os ataques terroristas são o maior problema que todos os países enfrentam atualmente. Por vezes, os danos causados pelos ataques não são recuperáveis. Isso leva à perda de bens valiosos do país. Por este motivo, é necessário desenvolver um sistema que possa monitorizar os incidentes terroristas e ajudar os agentes de segurança a localizá-los. Este sistema fornece uma técnica para prever os nomes dos grupos terroristas envolvidos em ataques, o que pode ser útil para os agentes de segurança localizarem e apanharem os culpados.

> Vantagens do sistema proposto:
   o Este sistema pode manter dados históricos sobre os incidentes terroristas.

o Os dados são organizados com base em diferentes parâmetros.

o Se ocorrer um novo ataque terrorista, o conjunto de dados é atualizado.

o Prevê o nome do grupo terrorista responsável envolvido num ataque

## 3.1.2. Análise de requisitos

**- Requisito de software:**

* Operating system  :      Windows XP Professional or Higher.
* Software Tool            :      VB.NET
* Database          :      My SQL, MS-Access
* Technology        :      Asp.Net with C#

**- Requisito de hardware:**
* System            :      Pentium IV 2.4 GHz.
* Hard Disk         :      160 GB.
* Monitor           :      15 VGA Colour.
* Mouse             :      Optical.
* Ram               :      2GB (Minimum).

## 3.2    Ferramentas utilizadas

## 3.2.1   Introdução ao ASP.NET

A tecnologia mais poderosa e mais utilizada atualmente. Torna o desempenho ainda mais fácil. Não há necessidade de outro servidor, pois temos um servidor incorporado, ou seja, o IIS (Internet Information Service). O Visual Studio .NET é um conjunto completo de ferramentas de desenvolvimento para criar aplicações Web ASP, serviços Web XML, aplicações de ambiente de trabalho e aplicações móveis. O Visual basic .NET, o Visual c++ .NET e o c# .NET utilizam o mesmo ambiente de desenvolvimento integrado (IDE), o que lhes permite partilhar ferramentas e recursos na criação de soluções de linguagem mista. .NET é a estratégia de serviços Web da Microsoft para ligar pessoas, sistemas e dispositivos de informação através de software. Integrada na plataforma Microsoft, a tecnologia .NET permite criar, implementar, gerir e utilizar rapidamente soluções ligadas e de segurança reforçada com serviços Web. As soluções ligadas .NET permitem que as empresas integrem os seus sistemas mais rapidamente e de forma mais ágil e ajudam-nas a concretizar a promessa de informação em qualquer altura, em qualquer lugar e em qualquer dispositivo. Além disso, estas linguagens tiram partido da funcionalidade do .NET framework, que fornece acesso a tecnologias-chave para o desenvolvimento de aplicações Web ASP .NET e serviços Web XML. O .NET Framework é um ambiente multilingue para criar, implementar e executar serviços e aplicações.

O Microsoft .NET Framework é um componente de software, ou seja, faz parte dos sistemas operativos Microsoft Windows. Dispõe de uma vasta biblioteca de soluções prévias para requisitos comuns e gere a execução dos programas escritos especificamente para o Framework. O .NET Framework é uma oferta fundamental da Microsoft e destina-se a ser utilizado pela maioria das novas aplicações criadas para a plataforma Windows. O .NET Framework é um componente integral do Windows que suporta a criação e execução da próxima geração de aplicações e serviços Web XML.

### > O que é a .NET?

.NET é um termo abrangente que engloba a estratégia principal, os planos e a visão da Microsoft para o futuro próximo. No centro desta estratégia está o .NET Framework, que fornece a tecnologia principal. O ASP.NET é apenas um dos vários componentes que estão presentes na estrutura. O .NET foi concebido para ajudar a resolver vários problemas fundamentais enfrentados pelos programadores:

- Reduz o trabalho árduo envolvido na criação de aplicações grandes e fiáveis.

- Permite aos programadores unificar dois tipos de arquitecturas - aplicações que são executadas localmente numa máquina e aplicações que são acedidas através da Web.

- Reduz as despesas gerais associadas às estruturas de programação - não é necessário escrever código complexo com linguagens complicadas para obter um desempenho impressionante dos programas .NET.

- Permite que programadores de diferentes linguagens trabalhem em conjunto numa aplicação.

- Foi concebido com vista a acomodar várias ferramentas de utilizador final, incluindo computadores de secretária, PDAs e telemóveis.

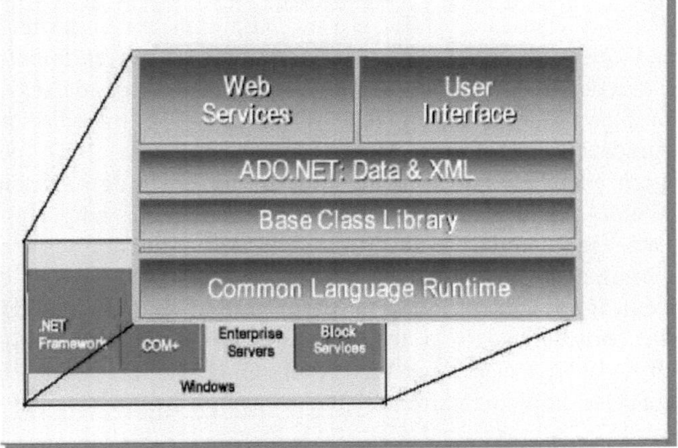


**Figura 1: O Microsoft .NET Framework**

A plataforma Microsoft .NET fornece todas as ferramentas e tecnologias necessárias para criar aplicações Web distribuídas. Expõe um modelo de programação consistente e independente da linguagem em todos os níveis de uma aplicação, ao mesmo tempo que proporciona uma interoperabilidade perfeita e uma migração fácil das tecnologias existentes.

A plataforma Microsoft .NET é composta por várias tecnologias de base:

- O Microsoft .NET Framework
- Os serviços do Building Block do Microsoft .NET
- Os servidores Microsoft .NET Enterprise
- Microsoft Visual Studio .NET
- Microsoft Windows. NET
- O Microsoft .NET Framework é um conjunto de tecnologias que faz parte integrante da plataforma Microsoft .NET. Fornece os blocos de construção básicos para o desenvolvimento de aplicações e serviços Web. O Microsoft .NET Framework inclui os seguintes componentes:
- Tempo de execução da linguagem comum
- Biblioteca de classes base
- Dados
- Formulários Web e serviços Web
- Formulário de vitória

### i) Tempo de execução da linguagem comum

O Common Language Runtime fornece a interface de programação entre o Microsoft .NET Framework e as linguagens de programação disponíveis para a plataforma Microsoft .NET. Simplifica o desenvolvimento de aplicações, fornece um ambiente de execução robusto e seguro, suporta várias linguagens e simplifica a implementação e a gestão de aplicações. O tempo de execução carrega e executa código escrito em qualquer linguagem de programação sensível ao tempo de execução. O código que visa o tempo de execução é designado por código gerido. O código gerido significa simplesmente que existe um contrato de cooperação definido entre o código de execução nativo e o próprio tempo de execução. A responsabilidade por tarefas como a criação de objectos, a realização de chamadas de métodos, etc., é delegada no tempo de execução, o que permite que este forneça serviços adicionais ao código em execução.

### ii) Classes e bibliotecas de base

O Microsoft .NET Framework inclui classes que encapsulam estruturas de dados, executam Entrada/Saída (E/S), fornecem acesso a informações sobre uma classe carregada e fornecem uma forma de invocar verificações de segurança. Inclui também classes que encapsulam excepções e outras funcionalidades úteis, como o acesso a dados, projecções de interface de utilizador (IU) do lado do servidor e geração de interfaces gráficas de utilizador (GUI) ricas. O Microsoft .NET Framework fornece classes de base abstractas e implementações de classes derivadas dessas classes de base. Pode utilizar estas classes derivadas "tal como estão" ou derivar as suas próprias classes a partir delas. As classes do Microsoft .NET

Framework são nomeadas utilizando um esquema de nomenclatura de sintaxe de pontos que conota uma hierarquia de nomenclatura. Esta técnica é utilizada para agrupar classes relacionadas de forma lógica, para que possam ser pesquisadas e referenciadas mais facilmente. Um agrupamento de classes é chamado de namespace. Por exemplo, um programa pode usar classes no espaço de nomes System.Data.SqlClient para ler dados de um banco de dados do SQL Server. O espaço de nomes raiz do Microsoft .NET Framework é o espaço de nomes System.

### iii) Dados

O Microsoft ADO.NET é a próxima geração da tecnologia ActiveX® Data Object (ADO). O ADO.NET fornece um suporte melhorado para o modelo de programação desligado e também fornece um suporte rico para XML (Extensible Markup Language). O ADO foi criado para fornecer serviços de dados a aplicações cliente tradicionais que estavam fortemente ligadas à base de dados; consequentemente, não era eficaz para aplicações Web. O ADO.NET foi criado tendo em conta as características das aplicações Web.

### iv) Formulários Web e serviços Web

O ASP.NET é uma estrutura de programação baseada no Common Language Runtime que pode ser utilizada num servidor para criar aplicações Web poderosas. Os formulários Web ASP.NET fornecem uma forma fácil e poderosa de criar interfaces de utilizador dinâmicas. Os serviços Web ASP.NET fornecem os blocos de construção para a construção de aplicações distribuídas baseadas na Web. Os serviços Web baseiam-se na especificação SOAP (Simple Object Access Protocol).

### v) ASP.NET

> Funcionalidades ASP.NET

1. Suporte a vários idiomas
2. Aumento do desempenho
3. Código compilado
4. Cache
5. Classes e espaços de nome
6. Controlos do servidor
7. Serviços Web

O ASP.NET, com uma série de novas funcionalidades, permite que os programadores escrevam código mais limpo, fácil de reutilizar e partilhar. O ASP.NET aumenta o desempenho e a escalabilidade, oferecendo acesso a linguagens compiladas. Algumas das principais características do ASP.NET são descritas a seguir.

### vi) Suporte a vários idiomas

O ASP.NET fornece uma verdadeira estrutura de execução neutra em termos de linguagem para aplicações Web. Atualmente, é possível utilizar mais de 20 linguagens para criar aplicações .NET. A Microsoft tem compiladores para Visual Basic, Microsoft Visual C#, Microsoft Visual C++ e Microsoft JScript. Fornecedores de terceiros estão escrevendo compiladores .NET para Cobol, Pascal, Perl e Smalltalk, entre outros. Os laboratórios e o código de amostra deste curso usarão o Visual Basic.

### vii)     Aumento do desempenho

No ASP.NET, o código é compilado. Quando você solicita uma página pela primeira vez, o tempo de execução compila o código e a própria página e mantém uma cópia em cache do resultado compilado. Quando o utilizador solicita a página pela segunda vez, é utilizada a cópia em cache. Isto resulta num desempenho muito superior porque, após este primeiro pedido, o código pode ser executado a partir da versão compilada muito mais rápida e o conteúdo da página não precisa de ser analisado novamente.

### > Trabalhar com o Microsoft ASP.NET

### 1. Classes e espaços de nome

O ASP.NET inclui uma série de classes e namespaces úteis. Os namespaces são usados como um sistema organizacional - maneiras de apresentar componentes de programa que são expostos a outros programas e aplicativos. Os namespaces contêm classes. Os namespaces são como bibliotecas de classes e podem facilitar a escrita de aplicações Web. Algumas das classes incluídas no ASP.NET são HtmlAncho, HtmlControl e HtmlForm, que estão incluídas no espaço de nomes System.Web.UI.HtmlControls. Os namespaces podem mudar entre a versão Beta 2 e a versão final do ASP.NET.

### 2. Controlos do servidor

O ASP.NET fornece vários controlos de servidor que simplificam a tarefa de criação de páginas. Estes controlos de servidor encapsulam tarefas comuns que vão desde a apresentação de calendários e tabelas até à validação da entrada do utilizador. Mantêm automaticamente os seus estados de seleção e expõem propriedades, métodos e eventos para código do lado do servidor, fornecendo assim um modelo de programação limpo. Para mais informações sobre a utilização de controlos de servidor, consulte o Módulo 2, "Utilizar Controlos Web", no Curso 2063B, Introdução ao Microsoft ASP.NET.

### 3. Serviços Web

Um serviço Web é uma aplicação fornecida como um serviço que pode ser integrado noutros serviços Web através da utilização de normas da Internet. O ASP.NET permite-lhe utilizar e criar serviços Web. Por exemplo, uma empresa pode montar uma loja online utilizando o serviço Microsoft Passport para autenticar os utilizadores, um serviço de personalização de terceiros para adaptar as páginas Web às preferências de cada utilizador, um serviço de processamento de cartões de crédito, um serviço de impostos sobre vendas e serviços de seguimento de encomendas de cada empresa de expedição, bem como um serviço de catálogo interno que se liga às aplicações internas de gestão de inventário da empresa. Os serviços Web fornecem os blocos de construção para a construção de aplicações distribuídas baseadas na Web. Os ficheiros ASP.NET têm uma extensão .aspx e os serviços Web têm uma extensão .asmx. As tecnologias são semelhantes; no entanto, em vez de produzir HTML, um serviço Web produz uma resposta legível por computador à entrada que recebe. Para obter mais informações sobre serviços da Web, consulte o Módulo 6, "Usando serviços da Web", no Curso 2063B, Introdução ao Microsoft ASP.NET.

### viii)   Utilizar bases de dados com ASP.NET

### > Introdução ao acesso a dados a partir do ASP.NET

O acesso a dados através da Web registou alguns avanços importantes nos últimos anos. Passou de um simples acesso a ficheiros de texto para pequenos livros de visitas para a transferência online de sistemas de dados completos de grandes empresas - alguns com vários terabytes de dados. (Um terabyte equivale a cerca de 1.000 gigabytes, ou 1.000.000 megabytes.) Até os corretores da bolsa e os sistemas de execução de ordens passaram a estar em linha, gerando diariamente enormes quantidades de dados.

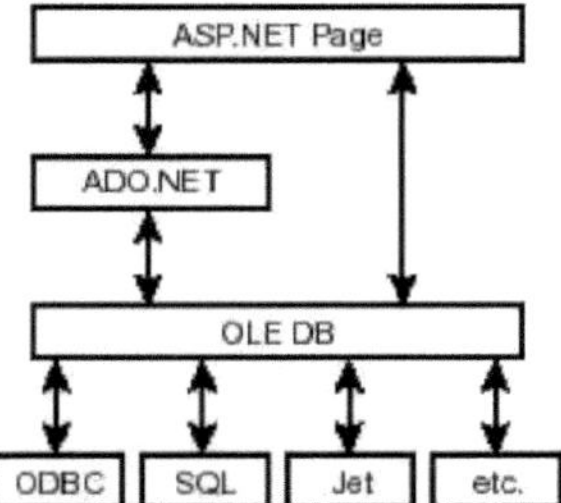


**Figura 2: Hierarquia do ASP.NET**

As páginas ASP tradicionais utilizavam Objectos de Dados ActiveX (ADO) para aceder e modificar bases de dados. O ADO é uma interface de programação utilizada para aceder a dados. Este método era eficiente e bastante fácil de aprender e implementar pelos programadores. No entanto, o ADO sofria de um modelo antiquado de acesso aos dados com muitas limitações, como a incapacidade de transmitir dados de modo a serem fácil e universalmente acessíveis. Juntamente com a passagem das bases de dados SQL padrão para tipos de dados mais distribuídos (como XML), a Microsoft introduziu o ADO.NET - a próxima evolução do ADO. O ADO.NET é uma revisão importante do ADO que permite às páginas ASP.NET apresentar dados de formas muito mais eficientes e diferentes. Por exemplo, adopta totalmente a XML e é facilmente capaz de comunicar com qualquer aplicação compatível com XML. O ADO.NET oferece uma série de novas funcionalidades interessantes que tornarão a sua vida (como programador) muito mais fácil. O ADO.NET é um tópico muito vasto, razão pela qual a lição de amanhã é dedicada a ele. Por enquanto, você só precisa saber que as páginas ASP.NET usam o ADO.NET para se comunicar com qualquer tipo de armazenamento de dados. A Figura 9.1 mostra o modelo de acesso a dados com ADO.NET e ASP.NET. O ADO.NET é completamente compatível com fontes de dados compatíveis com OLE DB, como SQL ou Jet (o motor de base de dados do Microsoft Access).

> **Benefícios do C#.NET**

1. O C#.NET também é compatível com a CLS (Common Language Specification) e suporta o tratamento estruturado de excepções. O CLS é um conjunto de regras e construções suportadas pelo CLR (Common Language Runtime). O CLR é o ambiente de tempo de execução fornecido pelo .NET Framework; gere a execução do código e também facilita o processo de desenvolvimento, fornecendo serviços.

2. Os construtores são utilizados para inicializar objectos, enquanto os destruidores são utilizados para os destruir. Em outras palavras, os destrutores são usados para liberar os recursos alocados para o objeto. No C#.NET, o procedimento sub finalize está disponível. O procedimento sub finalize é utilizado para completar as tarefas que devem ser executadas quando um objeto é destruído. O procedimento sub finalize é chamado automaticamente quando um objeto é destruído. Além disso, o procedimento sub finalize pode ser chamado apenas da classe à qual pertence ou de classes derivadas.

3. A recolha de lixo é outra nova funcionalidade do C#.NET. O .NET Framework monitora os recursos alocados, como objetos e variáveis. Além disso, o .NET Framework libera automaticamente a memória para reutilização, destruindo objetos que não estão mais em uso. No C#.NET, o coletor de lixo verifica os objetos que não estão sendo usados atualmente pelos aplicativos. Quando o coletor de lixo encontra um objeto que está marcado para coleta de lixo, ele libera a memória ocupada pelo objeto.

4. Overloading é outra caraterística do C#. A sobrecarga permite-nos definir vários procedimentos com o mesmo nome, em que cada procedimento tem um conjunto diferente de argumentos. Além de usar o overloading para procedimentos, ele pode ser usado para construtores e propriedades de uma classe [20].

5. O C#.NET suporta o tratamento estruturado, o que nos permite detetar e remover erros em tempo de execução. No C#.NET, o programador tem de utilizar as instruções Try...Catch...Finally para criar manipuladores de excepções. Utilizando as instruções Try...Catch...Finally, o programador pode criar manipuladores de excepções robustos e eficazes para melhorar o desempenho deste projeto.

> **Ligação à base de dados**

- Oledb Conectividade:

OLE DB (Object Linking and Embedding, Database, por vezes escrito como OLEDB ou OLE-DB) é uma API concebida pela Microsoft para aceder a diferentes tipos de dados armazenados de forma uniforme. É um conjunto de interfaces implementadas utilizando o Component Object Model (COM); não tem qualquer relação com o OLE. Foi concebida como um substituto de nível superior e sucessor do ODBC, alargando o seu conjunto de funcionalidades para suportar uma maior variedade de bases de dados não relacionais, tais como bases de dados de objectos e folhas de cálculo que não implementam necessariamente SQL.

O OLE DB separa o armazenamento de dados da aplicação que necessita de acesso ao mesmo através de um conjunto de abstracções que incluem a fonte de dados, a sessão, o comando e os conjuntos de linhas. Isto foi feito porque diferentes aplicações precisam de aceder a diferentes tipos e fontes de dados e não querem necessariamente saber como aceder à funcionalidade com métodos específicos da tecnologia. A OLE DB está concetualmente dividida em consumidores e fornecedores. Os consumidores são as aplicações que necessitam de aceder aos dados e o fornecedor é a componente de software que implementa a interface e, por conseguinte, fornece os dados ao consumidor. A OLE DB faz parte do conjunto de componentes de acesso a dados da Microsoft (MDAC). A MDAC é um grupo de tecnologias Microsoft que interagem entre si como uma estrutura que permite aos programadores uma forma uniforme e abrangente de desenvolver aplicações para aceder a praticamente qualquer armazenamento de dados. Os fornecedores OLE DB podem ser criados para aceder a armazenamentos de dados tão simples como um ficheiro de texto e uma folha de cálculo, até bases de dados tão complexas como Oracle, SQL Server e Sybase ASE. Também pode fornecer acesso a armazenamentos de dados hierárquicos, como sistemas de correio eletrónico.

No entanto, como as diferentes tecnologias de armazenamento de dados podem ter capacidades diferentes, os fornecedores de OLE DB podem não implementar todas as interfaces possíveis disponíveis para OLE DB. As capacidades disponíveis são implementadas através da utilização de objetos COM - um fornecedor de OLE DB mapeará a funcionalidade das tecnologias de armazenamento de dados para uma interface COM específica. A Microsoft descreve a disponibilidade de uma interface como "específica do fornecedor", uma vez que pode não ser aplicável consoante a tecnologia de base de dados envolvida.

### 3.1.1 Introdução ao MySQL

MySQL "My S-Q-L", oficialmente, mas também vulgarmente "My Sequel") é o sistema de gestão de bases de dados relacionais (RDBMS) mais utilizado no mundo, que funciona como um servidor que permite o acesso de vários utilizadores a uma série de bases de dados. O seu nome vem da filha do programador Michael Widenius, My. A expressão SQL significa Structured Query Language (linguagem de consulta estruturada). O projeto de desenvolvimento do My SQL disponibilizou o seu código fonte sob os termos da GNU General Public License, bem como sob uma variedade de acordos de propriedade. O My SQL era propriedade e patrocinado por uma única empresa com fins lucrativos, a empresa sueca My SQL AB, atualmente propriedade da Oracle Corporation. O My SQL é um sistema de gestão de bases de dados de código aberto e é utilizado em alguns dos sítios Web mais visitados na Internet, incluindo Nokia.com, YouTube e Wikipedia, Google, Face book e Twitter.

O My SQL é fornecido com um conjunto de ferramentas de linha de comandos para tarefas como consultar a base de dados, fazer cópias de segurança de dados, inspecionar o estado, executar tarefas comuns como criar uma base de dados e muitas outras.

O XAMPP é um pacote de soluções de servidores Web multiplataforma, gratuito e de código aberto, que consiste principalmente no servidor HTTP Apache, na base de dados My SQL e em intérpretes para scripts escritos nas linguagens de programação PHP e Perl. Oficialmente, os criadores do XAMPP pretendiam utilizá-lo apenas como uma ferramenta de desenvolvimento, para permitir que os criadores e programadores de sítios Web testassem o seu trabalho nos seus próprios computadores sem qualquer acesso à Internet. O XAMPP também oferece suporte para a criação e manipulação de bases de dados em My SQL e SQLite, entre outras [21]. Uma vez instalado o XAMPP, é possível tratar um **anfitrião local** como um anfitrião remoto, ligando-se usando um cliente FTP. Usar um programa como o FileZilla tem muitas vantagens quando se instala um **sistema de gestão de conteúdos** (CMS) como o **Joomla** ou o **Wordpress**. Também é possível ligar-se ao localhost através de FTP com um **editor HTML**. O utilizador FTP predefinido é "newuser", a palavra-passe FTP predefinida é "wampp". O utilizador MySQL predefinido é "root" e não existe uma palavra-passe MySQL predefinida.

### 3.3 Conceção

### 3.3.1 Projeto proposto

A nossa atenção centra-se na previsão dos nomes dos grupos terroristas envolvidos num ataque. A avaliação da TGPM é efectuada na base de dados padrão sobre terrorismo global (GTD) [12]. Os dados da GTD têm de ser processados porque faltam alguns dos valores de diferentes campos da base de dados. O tamanho da base de dados é reduzido em função das necessidades. Utilizámos dados de incidentes terroristas de 1970 a 2011.

Este projeto tem as seguintes fases

1. A partir da página inicial, é possível procurar informações sobre o ataque.

2. O utilizador pode pesquisar sobre o ataque descrevendo a incidência.

3. O utilizador pode pesquisar com base em qualquer uma das seguintes combinações.

   o Nação e tipo de alvo

   o Nação e tipo de ataque

   o Região e tipo de objetivo

   o Região e tipo de ataque

4. O(s) grupo(s) terrorista(s) envolvido(s) numa incidência é(são) apresentado(s) como resultado.

- Considere o seguinte diagrama de fluxo de dados que explica o fluxo global

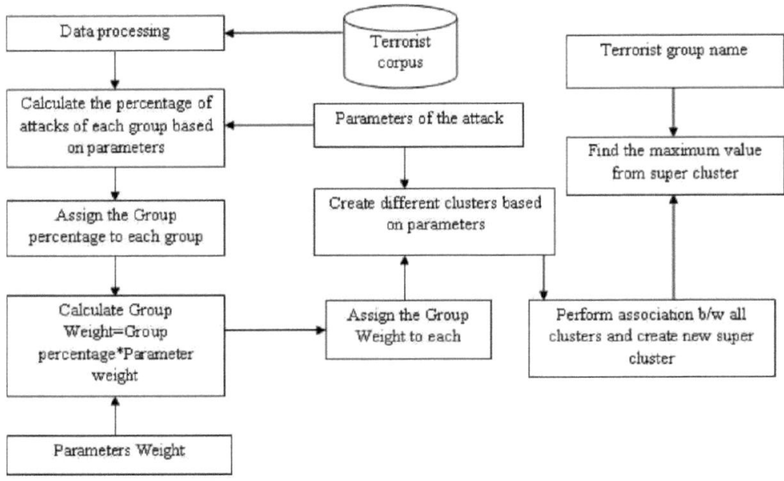


**Figura 3: Modelo de previsão de grupos terroristas**

Aqui, a percentagem do total de ataques em que cada grupo esteve envolvido é estimada utilizando o número de vezes que um grupo esteve envolvido em ataques e o número de grupos únicos recuperados do conjunto de dados. Em seguida, é avaliada a percentagem do total de ataques em que cada grupo está envolvido com base nos parâmetros.

Em seguida, é avaliado o peso do grupo com base na probabilidade de cada grupo e no peso dos parâmetros. Em seguida, avalia-se a associação dos valores dos diferentes agrupamentos com base nos parâmetros. Obtém-se o valor do número total de grupos em todos os clusters.

Por fim, determinará o valor mais elevado do superagrupamento que dará o nome do grupo como resultado.

- Fluxograma das técnicas de previsão de grupo

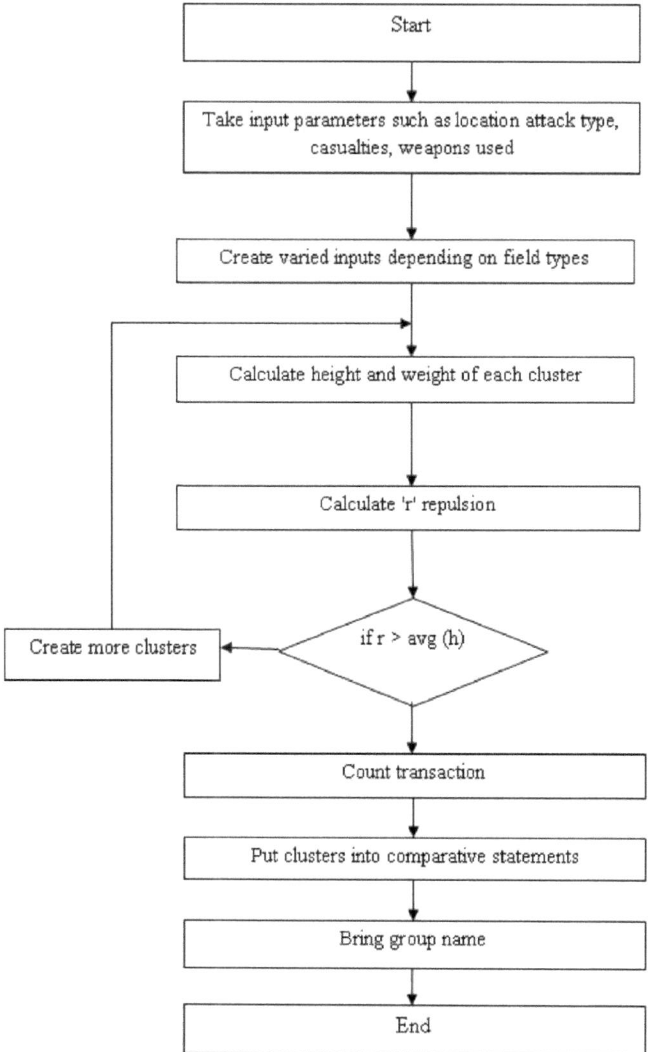


**Figura 4: Fluxograma do sistema**

## 3.3.2 Pormenores concebidos

> **Modelo de Previsão de Grupos Terroristas (TGPM):**

O modelo de previsão de grupos terroristas (TGPM) aprende o padrão de ataques terroristas a partir dos dados históricos disponíveis e faz uma associação entre o grupo terrorista e os ataques anteriores. Cada grupo terrorista pode ser diferenciado com base no estilo de ataque, alvos como a polícia, organizações privadas, propriedade pública, etc. Assim, ao analisar estes padrões, o TGPM prevê o grupo que pode estar envolvido num determinado incidente.

O TGPM foi desenvolvido para detetar o grupo terrorista responsável através da utilização de dados históricos. O TGPM utiliza o conceito de modelo de previsão do crime [5], modelo de deteção de grupos (GDM) [13] e modelo de deteção de grupos de infractores (OGDM) [14]. O TGPM utiliza vários parâmetros como o tipo de ataque, a localização, o tipo de alvo, o tipo de arma, o ataque de reféns/sequestro e o ataque suicida, etc. O TGPM utiliza o corpus terrorista, o valor dos parâmetros e o peso dos parâmetros como entrada.

O pré-processamento dos dados é uma etapa importante em que os valores em falta são preenchidos, as redundâncias são removidas e a filtragem é efectuada de modo a que a base de dados esteja pronta a ser utilizada. Os valores em falta podem ser preenchidos utilizando várias bases de dados sobre terrorismo disponíveis na Internet para a investigação sobre terrorismo [12, 15, 16]. Após o pré-processamento da base de dados, a percentagem de ataques de cada grupo é calculada com base nos parâmetros de entrada. A cada parâmetro é atribuído um peso com base no seu impacto sobre o incidente. O peso do grupo é calculado utilizando a percentagem de ataques de cada grupo e o peso dos parâmetros. São criados diferentes grupos. A associação entre estes grupos é efectuada e obtém-se o valor mais elevado destas associações. O nome do grupo correspondente ao valor mais elevado pode ser o grupo terrorista responsável mais provável.

> **GDM (Modelo de Deteção de Grupo):**

O GDM é um modelo de deteção geral baseado no agrupamento de co-autores de crimes. Funciona ligando os co-infractores com uma consulta de junção interna utilizando números de identificação de referência de crimes únicos. Estas ligações são reunidas para criar redes criminosas sob a forma de grafos, sendo depois aplicado o algoritmo SCC (Strongly Connected Components) [17] para que cada componente ligado possa ser tratado como uma rede criminosa individual. O algoritmo SCC é uma forma de dividir grandes grafos em partes mais pequenas de subgrafos ou componentes. Um grafo dirigido [18] é considerado fortemente ligado se, para cada par de vértices, existirem caminhos para cada um deles. Os componentes SCC de um grafo dirigido são os seus subgrafos máximos fortemente ligados. No GDM, cada componente representa uma rede criminosa única e um criminoso só pode pertencer a uma única rede criminosa.

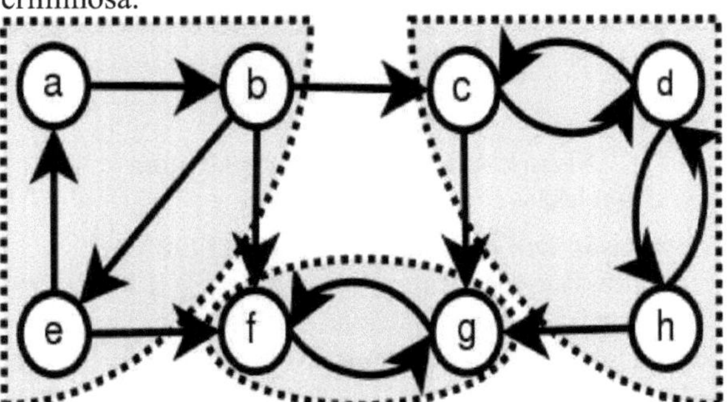


**Figura 5. Esta figura mostra o gráfico com os seus SCC assinalados**

> **Modelo de deteção de grupos de infractores (OGDM):**

Tal como o GDM utiliza a caraterística da co-infração, o OGDM utiliza a semelhança de três características do crime que são a escolha do local do crime pelos criminosos, a data e o modus operandi, partindo do princípio de que os criminosos com comportamentos semelhantes se encontrariam ou se conheceriam inevitavelmente, uma vez que são provavelmente bem intencionados. As etapas do OGDM incluem a criação de ligações espaciais, temporais e de modus operandi, seguidas de agrupamento para a deteção de redes criminosas. O OGDM é semelhante ao GDM para a criação de ligações, embora o GDM conte as ligações entre criminosos como pesos das ligações, enquanto o OGDM calcula os pesos das ligações contados e normalizados em relação a todas as ligações. O OGDM foi desenvolvido principalmente para detetar gangues e redes de roubo. Tal como se mostra na Figura 6, a fonte de informação sobre as ligações é recolhida a partir dos registos de detenção da polícia, onde é produzida uma tabela de ligações, constituída por From (do criminoso), To (do criminoso) e W (quantas vezes este par de criminosos foi apanhado pela polícia), através de uma consulta SQL de junção interna.

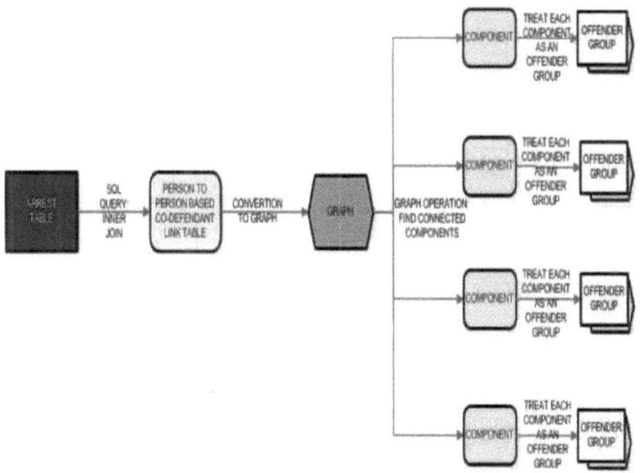


**Figura 6: Modelo de deteção de grupos de infractores**
**> Algoritmo Clope:**
**- Seleção do algoritmo de agrupamento:**

A maioria dos algoritmos de agrupamento define algumas funções de critério e optimiza-as, maximizando a semelhança intra-cluster e a dissemelhança inter-cluster. A função de critério pode ser definida localmente ou globalmente. Em cada nível seguinte da hierarquia, ele agrupa as instâncias dentro dos clusters, novamente com relação a uma função de distância. Finalmente, o CLOPE calcula em que medida os atributos categóricos coincidem entre si, para duas instâncias dadas. Se o nível desta correspondência for superior a um determinado limiar, as instâncias são agrupadas. Considerando as limitações, o CLOPE foi o único algoritmo que agrupou dados com valores em falta. Além disso, não requer muita afinação para obter bons agrupamentos de forma eficiente. Por último, foi concebido especificamente para atributos categóricos, que constituem uma grande parte da base de dados, e o seu desempenho é comparável ao de outros algoritmos de agrupamento categórico [19].


**- Implementação do algoritmo CLOPE:**
Tal como a maioria das abordagens de agrupamento baseadas em partições, aproximamos a melhor solução através de uma análise iterativa da base de dados. A implementação requer uma primeira análise da base de dados para construir o agrupamento inicial. Depois disso, são necessárias mais algumas análises para refinar o agrupamento e otimizar a função de critério. Se não forem feitas alterações ao agrupamento numa análise anterior, o algoritmo pára, tendo como resultado o agrupamento final. O resultado é simplesmente um rótulo inteiro para cada transação, indicando a identificação do cluster a que a transação pertence. Para atributos categóricos, é de esperar que as instâncias que contêm valores correspondentes para um ou mais atributos possam ser agrupadas. Utiliza também um parâmetro denominado repulsão, para controlar a rigidez do agrupamento. É possível obter um número diferente de clusters variando este parâmetro.


```
/* Phrase 1 - Initialization */
 1: while not end of the database file
 2: read the next transaction ⟨t, unknown⟩;
        3: put t in an existing cluster or a new cluster Ci
           that maximize profit;
        4: write ⟨t, i⟩ back to database;
                /* Phrase 2 - Iteration */
        5: repeat
        6: rewind the database file;
        7: moved = false;
        8: while not end of the database file
        9: read ⟨t, i⟩;
       10: move t to an existing cluster or new cluster Cj

           that maximize profit;
       11: if Ci ≠ Cj then
       12: write ⟨t, j⟩;
       13: moved = true;
      14: until not moved;
```
**Figura 7: Esboço do Algoritmo Clope**

# 4 Implementação do sistema

## 4.1 Aplicação

Este projeto apresenta uma implementação do modelo de previsão de grupos terroristas para combate ao terrorismo. A previsão do grupo terrorista mais provável é obtida com base em parâmetros como o tipo de alvo, o tipo de ataque, a nacionalidade e a região.

## 4.2 Detalhe da execução do sistema

**- GUI para o sistema:**

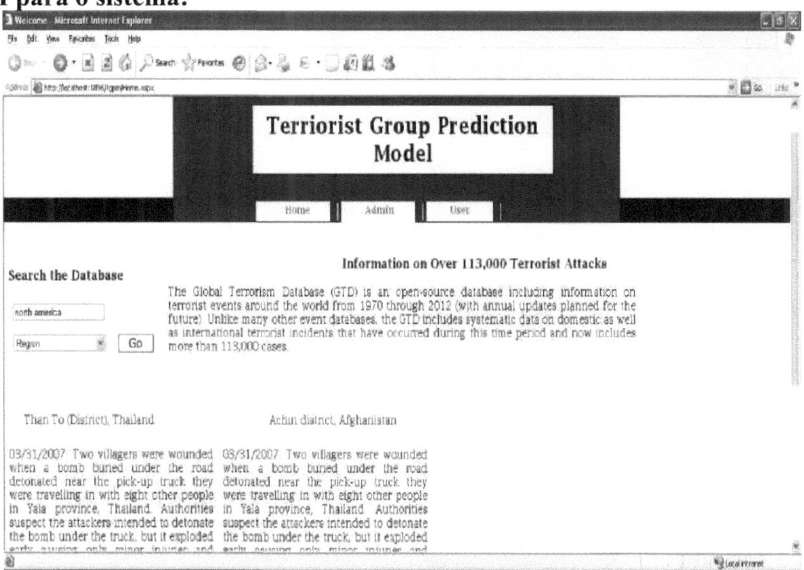


**Instantâneo 1: Página inicial**

A GUI para o sistema é a mostrada acima.

Na página inicial, podemos pesquisar a base de dados com base na região, no condado, no tipo de arma, no tipo de ataque e no tipo de alvo.

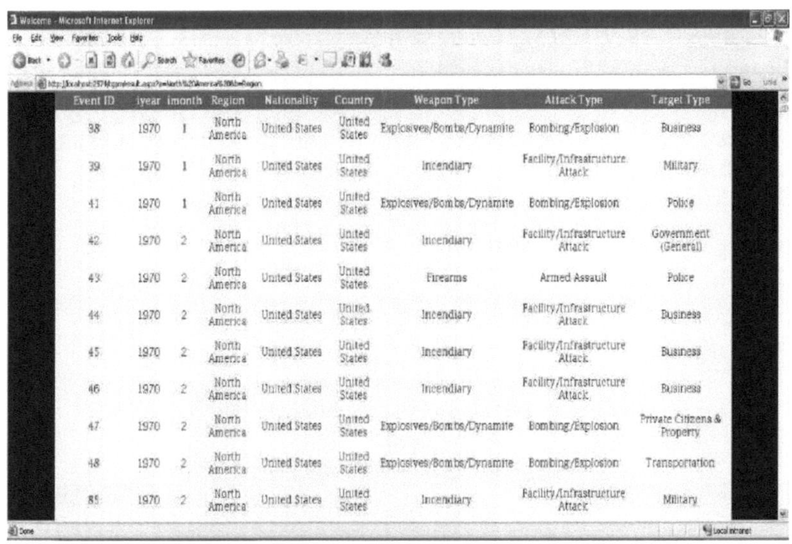

| Event ID | iyear | imonth | Region | Nationality | Country | Weapon Type | Attack Type | Target Type |
|---|---|---|---|---|---|---|---|---|
| 38 | 1970 | 1 | North America | United States | United States | Explosives/Bombs/Dynamite | Bombing/Explosion | Business |
| 39 | 1970 | 1 | North America | United States | United States | Incendiary | Facility/Infrastructure Attack | Military |
| 41 | 1970 | 1 | North America | United States | United States | Explosives/Bombs/Dynamite | Bombing/Explosion | Police |
| 42 | 1970 | 2 | North America | United States | United States | Incendiary | Facility/Infrastructure Attack | Government (General) |
| 43 | 1970 | 2 | North America | United States | United States | Firearms | Armed Assault | Police |
| 44 | 1970 | 2 | North America | United States | United States | Incendiary | Facility/Infrastructure Attack | Business |
| 45 | 1970 | 2 | North America | United States | United States | Incendiary | Facility/Infrastructure Attack | Business |
| 46 | 1970 | 2 | North America | United States | United States | Incendiary | Facility/Infrastructure Attack | Business |
| 47 | 1970 | 2 | North America | United States | United States | Explosives/Bombs/Dynamite | Bombing/Explosion | Private Citizens & Property |
| 48 | 1970 | 2 | North America | United States | United States | Explosives/Bombs/Dynamite | Bombing/Explosion | Transportation |
| 85 | 1970 | 2 | North America | United States | United States | Incendiary | Facility/Infrastructure Attack | Military |

**Captura de ecrã 2: Detalhes do ataque**

Os pormenores dos ataques são apresentados com base na região, como a nacionalidade, o país, o tipo de arma, o tipo de ataque e o tipo de alvo.

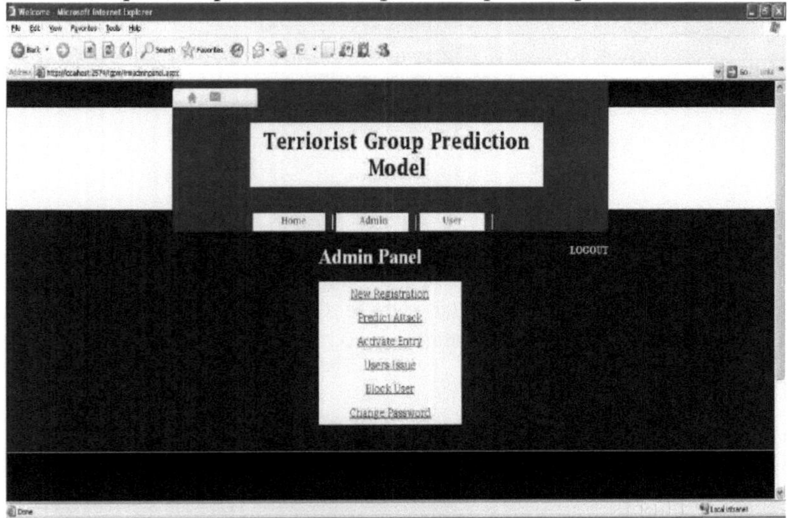


**Captura de ecrã 3: Painel de administração**

O administrador pode

> Ativar nova entrada
> Bloquear utilizadores
> Verificar os problemas dos utilizadores

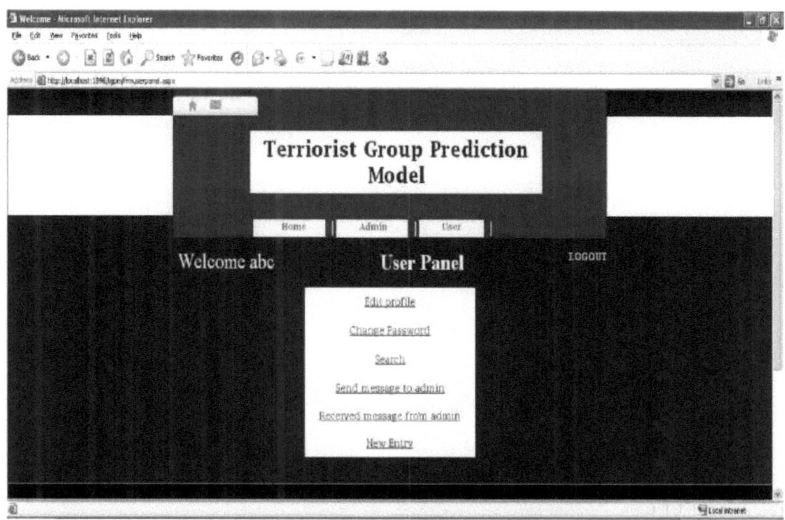

**Captura de ecrã 4: Painel do utilizador**

Os utilizadores podem

> Editar o seu perfil

> Alterar as palavras-passe

> Enviar mensagem ao administrador

> Pesquisa sobre os ataques

A previsão pode ser efectuada com base nas 4 combinações seguintes

> Nacionalidade e tipo de ataque

> Nacionalidade e tipo de objetivo

> Região e tipo de ataque

> Região e tipo de alvo

Ao clicar na hiperligação Prever Ataque no painel de administração, o administrador pode pesquisar os grupos terroristas envolvidos num determinado ataque .

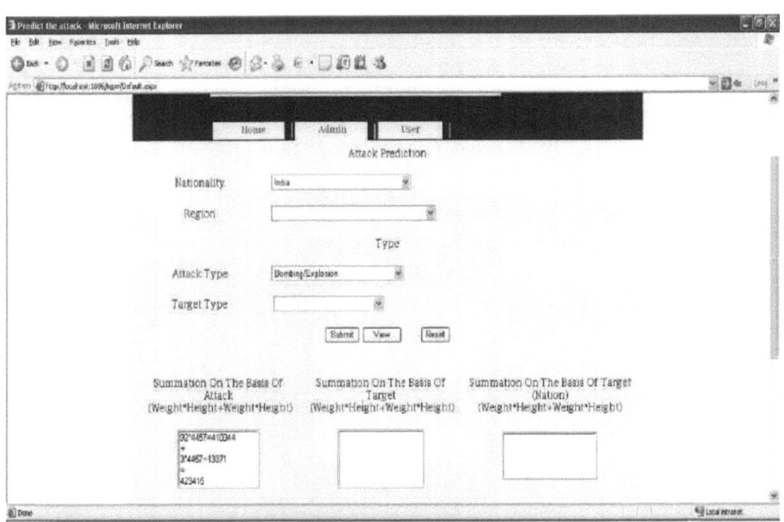

**Captura de ecrã 5: Resultado com base na nacionalidade e no tipo de ataque.**

Aqui, o peso representa o valor específico atribuído ao parâmetro, tal como no livro de códigos GTD, e a altura representa o número total de incidentes obtidos da base de dados.

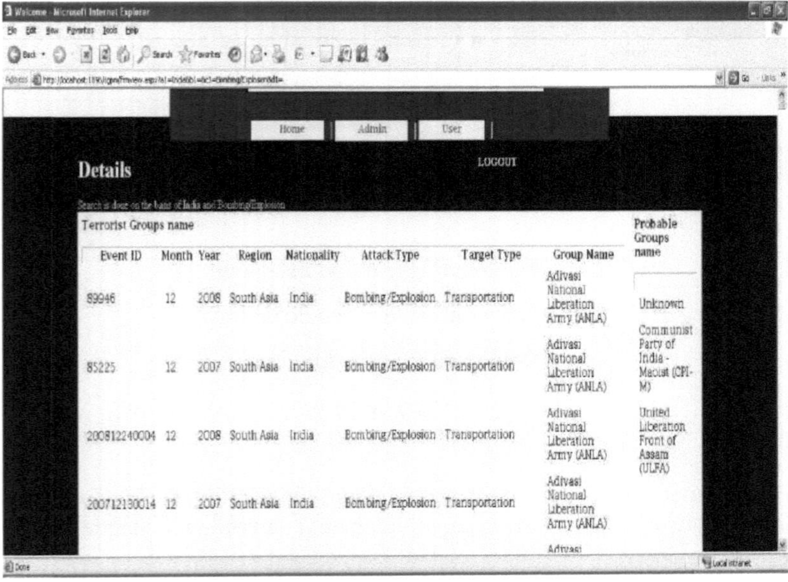

**Captura de ecrã 6: Nomes dos grupos envolvidos com base na nacionalidade e no ataque**

Com base no tipo de ataque, apresenta todos os nomes dos grupos envolvidos e os nomes mais prováveis de grupos terroristas.

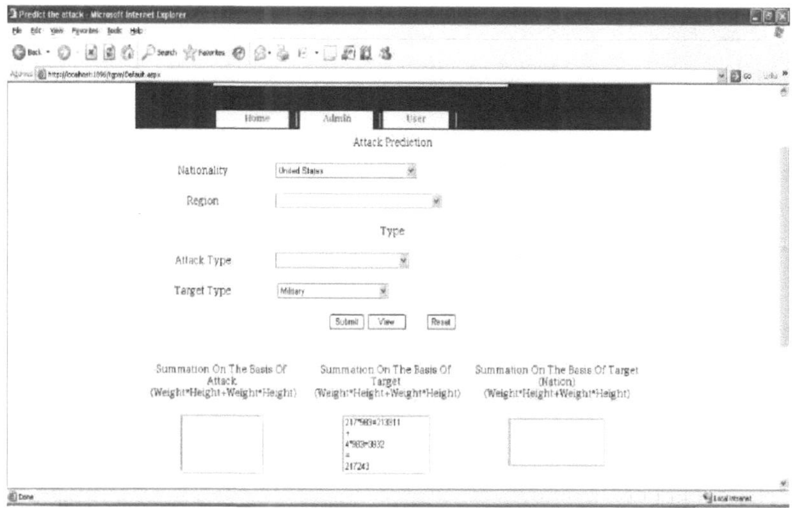

**Captura de ecrã 7: Resultados com base na nacionalidade e no tipo de objetivo.**

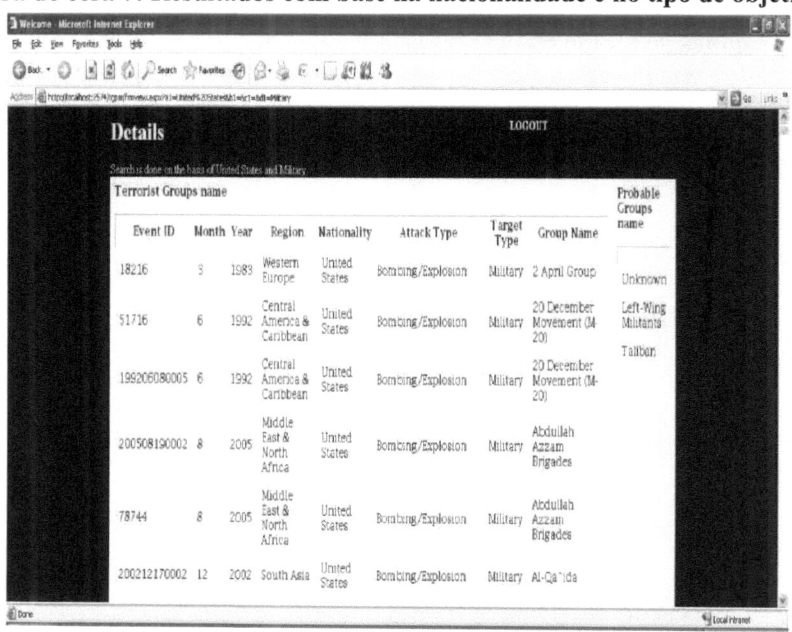

**Captura de ecrã 8: Nomes de grupos envolvidos com base na nacionalidade e no objetivo**

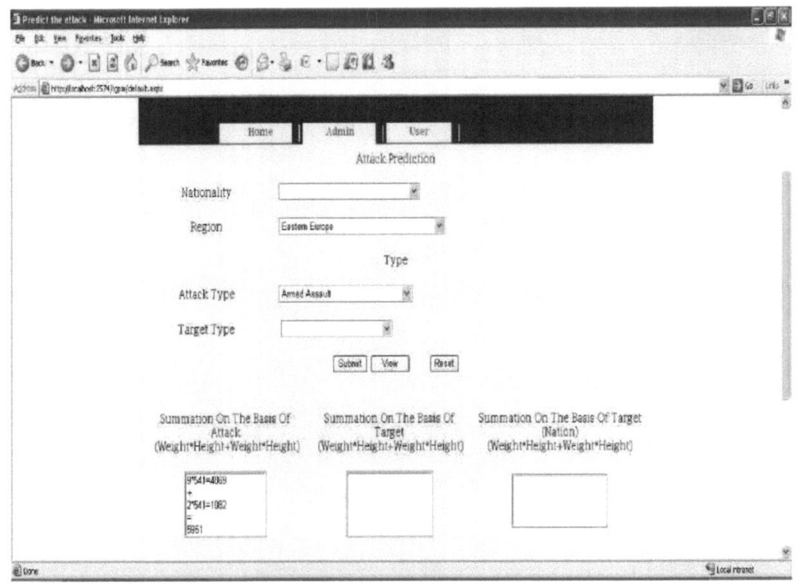

**Captura de ecrã 9: Resultados com base na região e no tipo de ataque**

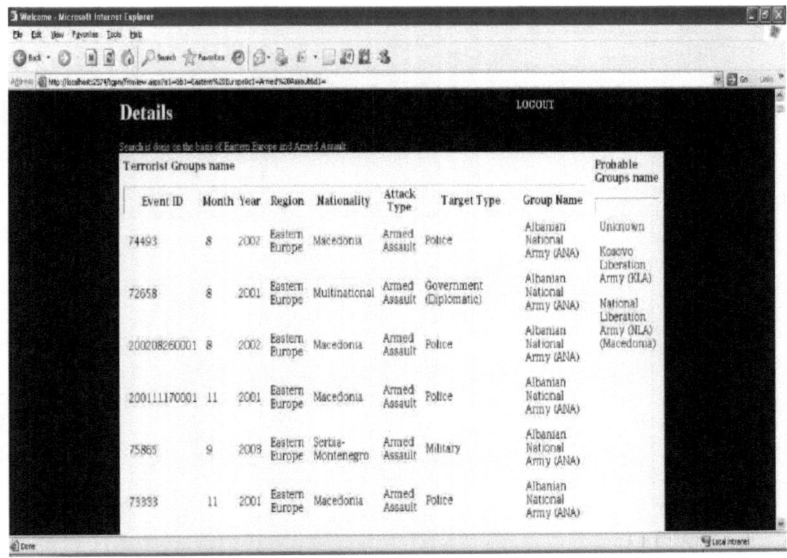

**Captura de ecrã 10: Nomes de grupos envolvidos com base na região e no tipo de ataque**

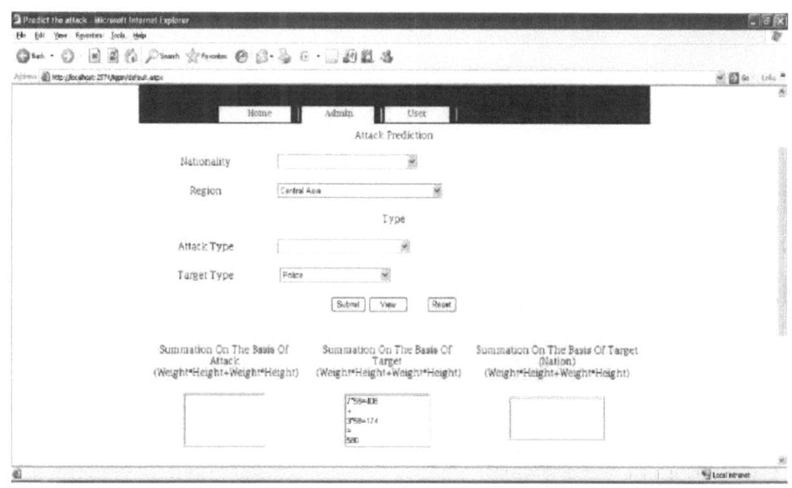

**Captura de ecrã 11: Resultados com base na região e no tipo de objetivo**

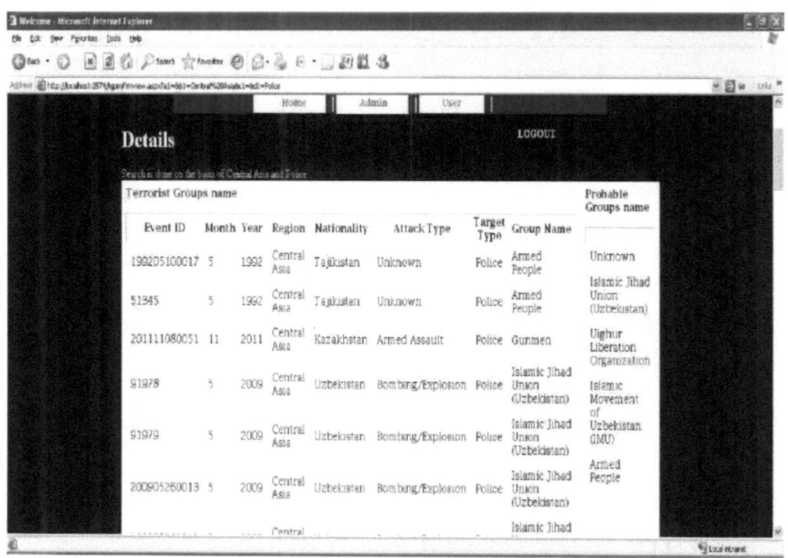

**Captura de ecrã 12: Nome do grupo envolvido com base na região e no tipo de objetivo**

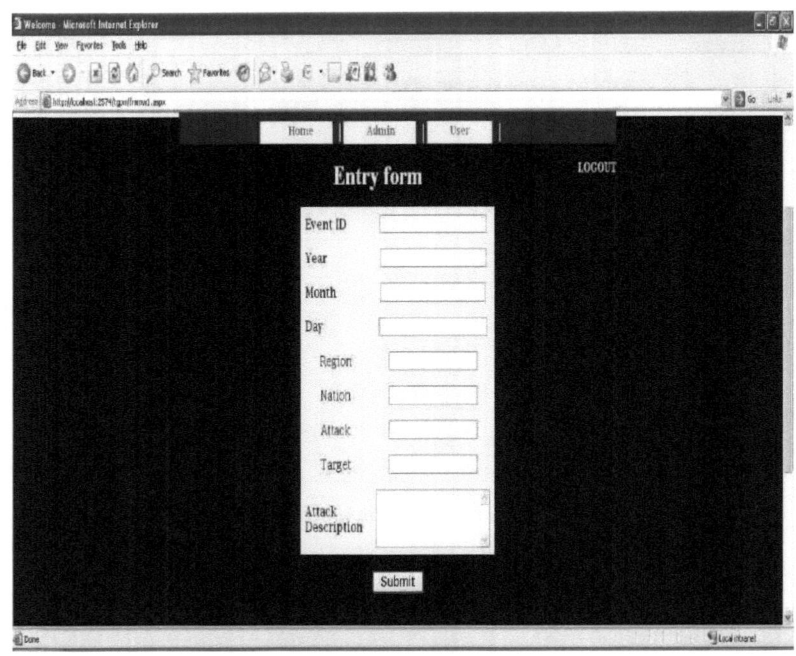


**Captura de ecrã 13: Formulário de inscrição**

**Conclusão**

A segurança é uma prioridade máxima para qualquer país e organizações oficiais do governo. As ameaças terroristas a essas e outras organizações podem ser minimizadas através da adoção de técnicas de combate ao terrorismo.

A luta contra o terrorismo ajuda o pessoal de segurança a elaborar diferentes estratégias para controlar e apanhar os culpados. Para obter resultados mais precisos, as informações do conjunto de dados devem ser actualizadas periodicamente e analisadas por peritos em segurança antes de serem utilizadas. Assim, pode concluir-se que, utilizando dados históricos sobre o terrorismo, é possível prever o grupo envolvido num determinado ataque. No entanto, podem ser efectuados mais estudos para detetar um grupo terrorista utilizando dados históricos.

**Âmbito futuro**

No futuro, tentaremos implementar e/ou modificar o trabalho proposto para que seja possível prever o nome exato das organizações de grupos terroristas envolvidas num determinado incidente. Para este efeito, o conjunto de dados deve ser atualizado periodicamente com informações sobre os incidentes terroristas ocorridos. Para uma investigação mais aprofundada, podem ser estudadas diferentes técnicas de inteligência artificial de previsão de grupos e incluir mais parâmetros, como chamadas telefónicas e e-mails, etc., para obter resultados mais precisos.

# Referências

[1] Abhishek Sachan e Devshri Roy *"TGPM: Terrorist Group Prediction Model for Counter Terrorism"",,* In International Journal of Computer Applications (0975 - 8887) Volume 44- No10, abril de 2012.

[2] Bhavani Thuraisingham " The MITRE Corporation Burlington Road, Bedford, MA"

[3] Edwin Bakkar *"Forecasting Terrorism: the Needfor More Systematic Approach"* in *Journal of Strategic Security* "Vol.5 No4, winter 2012.

[4] David, G., " *Globalization and International Security: Have the Rules of the Game Changed?""* In Reunião anual da Associação de Estudos Internacionais, Califórnia, EUA, http://www.allacademic.com/meta/p98627_index.htm, 2006.

[5] Malathi and Dr. S. Santhosh Baboo, *"Evolving Data Mining Algorithms on the Prevailing Crime Trend - An Intelligent Crime Prediction Model"",* In International Journal of Scientific & Engineering Research, June 2011, Vol. 2, Issue 6.

[6] H. Chen, D. Denning et al., *"The Dark Web Forum Portal: From multi-lingual to video",* In Intelligence and Security Informatics (ISI), conferência IEEE, 2011.

[7] Faith Ozgul,Zeki Erdem e Chris Bowerman, *"Prediction of Unsolved Terrorist Attacks Using Group Detection Algorithms,""* In LNCS, vol. 5477, pp. 25-30. Springer, Heidelberg, 2009.

[8] Nooy, W.d., Mrvar, A., et al: Exploratory Social Network Analysis with Pajek. Cambridge University Press, Nova Iorque, 2005.

[9] Scott, J.: Social Network Analysis. SAGE Publications, Londres, 2005.

[10] Taipale KA, *"Data mining and domestic security: connecting the dots to make sense of data",* In Columbia Sci Tech Law Rev 5, 2003, pp. 1-83.

[11] Terrorist Recognition Handbook, "A Practitioner Manual For Preventing And Identifying Terrorist Activities" (Manual de Reconhecimento de Terroristas), segunda edição.

[12] Base de dados sobre o terrorismo mundial, http://www.start.umd.edu/gtd.

[13] Ozgul, F., Bondy, J., Aksoy, H.: Exploração mineira para deteção de grupos de infractores e história de uma operação policial. Em: Sexta Conferência Australasiana de Mineração de Dados (AusDM 2007). Conferências da Sociedade Australiana de Informática sobre Investigação e Prática em Tecnologias da Informação (CRPIT), Gold Coast, Austrália , 2007.

[14] Ozgul, F., Erdem, Z., Aksoy, H.: Comparação de dois modelos para a deteção de grupos terroristas: GDM ou OGDM? Em: Yang, C.C., Chen, H., Chau, M.,

Chang, K., Lang, S.-D., Chen, P.S., Hsieh, R., Zeng, D., Wang, F.-Y., Carley, K.M., Mao, W., Zhan, J. (eds.) ISI Workshops 2008. LNCS, vol. 5075, pp. 149-160. Springer, Heidelberg, 2008.

[15] http://www.satp.org/satporgtp/countries/india/terroristoutfits/CPI_M.htm, Portal do Terrorismo do Sul da Ásia.

[16] Portal da Internet obscura, http://cri-portal.dyndns.org/portal/Home.action

[17] T.H. Cormen,C.E. Leiserson,R.L. Rivest, e C. Stein, *"Introduction to Algorithms"*. Segunda edição, 2001.

[18] S. Wasserman, K. Faust, Social Network Analysis Methods and Applications. Structural Analysis in the Social Sciences Cambridge University Press, 1994.

[19] C. Savage, "U.S. Relaxes Limits on the Use of Data in Terror Analysis", N.Y. Times, 22 de março de 2012. http://www.nytimes.com/2012/03/23/us/politics/us-    moves-to-relaxsome-restrictions-for-counterrorism-analysis.html.

[20] Andrew Trowlsen *""Pro C# e a plataforma .NET 4.0""* no título da sua data de publicação: 13 de novembro de 2009, Edição 3.

[21] http: //en.wikipedia.org/wiki/XAMPP

Printed by Books on Demand GmbH, Norderstedt / Germany